数学时空大冒险

扭转危局的神秘力量

梁平 智慧鸟 著

吉林出版集团股份有限公司 | 全国百佳图书出版单位

图书在版编目（CIP）数据

扭转危局的神秘力量 / 梁平，智慧鸟著 . -- 长春：
吉林出版集团股份有限公司,2024.2
（数学时空大冒险）
ISBN 978-7-5731-4538-3

Ⅰ.①扭… Ⅱ.①梁… ②智… Ⅲ.①数学－儿童读
物 Ⅳ.① O1-49

中国国家版本馆CIP数据核字(2024) 第016536号

数学时空大冒险

NIUZHUAN WEIJU DE SHENMI LILIANG

扭转危局的神秘力量

著　者：梁 平　智慧鸟

出版策划：崔文辉

项目统筹：郝秋月

责任编辑：李金默

出　版：吉林出版集团股份有限公司（www.jlpg.cn）
　　　　　（长春市福祉大路5788号，邮政编码：130118）

发　行：吉林出版集团译文图书经营有限公司
　　　　　（http://shop34896900.taobao.com）

电　话：总编办 0431-81629909　　营销部 0431-81629880 / 81629900

印　刷：三河兴达印务有限公司

开　本：720mm×1000mm　1/16

印　张：7.5

字　数：100千字

版　次：2024年2月第1版

印　次：2024年2月第1次印刷

书　号：ISBN 978-7-5731-4538-3

定　价：28.00元

印装错误请与承印厂联系　　电话：15931648885

前言

故事与数学紧密结合，趣味十足

在精彩奇幻的故事里融入数学知识
在潜移默化中激发孩子的科学兴趣

全方位系统训练，打下坚实基础

从易到难循序渐进的学习方式
让孩子轻松走进数学世界

数学理论趣解，培养科学的思维方式

简单易懂的数学解析
让孩子更容易用逻辑思维理解数学本质

数学，在人类的历史发展中起到非常重要的作用。在我们的日常生活中，每时每刻都会用到数学。而要探索浩渺宇宙的无穷奥秘，揭示基本粒子的运行规律，就更离不开数学了。你有没有想过，万一有一天外星人来袭，数学是不是也可以帮我们的忙呢？

　　没错，数学就是这么神奇。在这套书里，你可以跟随小主人公，利用各种数学知识来抵抗外星人。这可不完全是异想天开，其实数学的用处比课本上讲的要多得多，也神奇得多。不信？那就翻开书看看吧。

人物介绍

米果

一个普通的小学生，对什么都好奇，尤其喜欢钻研科学知识。他心地善良，虽然有时有一点儿"马大哈"，但如果认准一件事，一定会用尽全力去完成。他无意中被卷入星际战争，成为一名勇敢的少年宇宙战士。

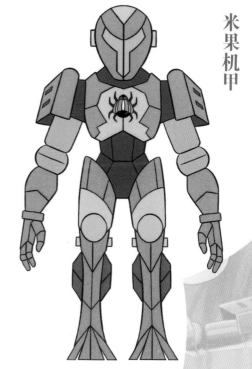

米果机甲

专为米果设计的智能战斗机甲，可以在战斗中保护米果的安全。后经过守护神龙的升级，这套机甲成了具有独立思想的智能机甲，也帮助米果成为一位真正的少年宇宙战士。

宇宙博士

抵御外星人进攻的科学家，一位严肃而充满爱心的睿智老人。

第十章　数学的奇迹 ……………… 103

第九章　数学之美 ……………… 95

第八章　二进制的「魔力」 ……… 85

第七章　密码学与数学 ……………… 73

第六章　卫星导航系统中的数学 …… 61

目录

CONTENTS

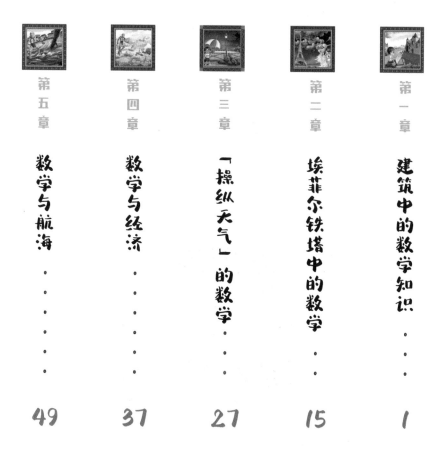

第五章

数学与航海 · · · · · · · · 49

第四章

数学与经济 · · · · · · 37

第三章

「操纵天气」的数学 · · · 27

第二章

埃菲尔铁塔中的数学 · · 15

第一章

建筑中的数学知识 · · · · 1

第一章

建筑中的数学知识

扫码开始

✓ 冒险勇气值测试

✓ 冒险智慧值提升

✓ 冒险技巧值挑战

"如果恶魔人的目的是破坏古代人类对度量衡的统一，那么它们接下来的目标一定是……"

还没有等宇宙博士说完，米果已经抢先说出了一个大家都十分熟悉的历史阶段——秦朝！

屏幕上的宇宙博士点了点头："没错，在中国历史上，秦始皇统一了六国后，第一次统一了度量衡，促进了中国文化和科学技术的发展。所以恶魔人一定会去搞破坏的！"

　　宇宙博士的屏幕上出现了一行行米果看不懂的代码，开始了信息检索。屏幕上很快就浮现了一行汉字："时间：秦朝。地点：咸阳城。保护目标：博士！"

　　米果赶快浏览了一下屏幕上的资料——原来秦朝的博士是一种官职。博士们掌管图书，通古今，如果他们都不在了，统一度量衡的任务一定会受到影响！

　　为了避免像上次在古希腊一样暴露身份，宇宙博士跳出时空隧道之后，立刻把自己隐藏在了云层中。他先派出了一只机械蜘蛛飞往云层下咸阳城的一座宫殿内，把宫殿中正在发生的事情通过摄像头传输到了大屏幕上。

　　只见在宫殿中央，一群博士身边放着沙盘和竹简，正在不停地计算和谈论着什么。

　　"他们可能正在讨论各地度量衡之间的差别。"宇宙博士提醒米果。

　　"快搜索一下附近有没有恶魔人的能量信号。"米果通过大屏幕命令机械蜘蛛。

　　机械蜘蛛的头上立刻伸出了一根短短的天线，左右摇摆，探测了起来。很快，机械蜘蛛就报告说："没有发现恶魔人的能量信号。"

"咦，难道恶魔人不打算在这里发动袭击？"

就在米果困惑的时候，宇宙博士忽然发现了异样："那个端茶水的仆人有问题。"

米果很困惑："你是怎么看出来的，我刚才让机械蜘蛛扫描过他的身体，他只是一个普通人啊。"

宇宙博士摇了摇头："他虽然是人类，但能量数据显示，他提的水壶里有一颗用未来科技制作的闪爆弹，可以杀死方圆十几米范围内所有的生命体。"

"什么？"米果被吓得一下子跳起来，"恶魔人真是太可恶了，竟然利用人类帮它们做坏事！"

"机械战甲，立刻出发！"

米果来不及多说，一声令下，无数机械蜘蛛一拥而上，在他身上组装成了一副机械战甲。米果身披机械战甲，从云层中一跃而下。

那个仆人注意到了米果的行动，可他不但没有害怕，反而还笑了起来："主人说得没错，果然会有从天而降的妖怪来妨碍我报仇！"

"我不是妖怪，让你来破坏秦朝统一度量衡的才是妖怪，它们的目的是破坏人类世界！"米果大声喊着。

可那个仆人根本不听他解释："我不懂什么是统一度量衡，我只知道秦国占领了我的家乡，我要报仇，我要和这些秦国人同归于尽！"

　　说完，他猛地按下水壶底部隐藏的按钮。

　　"噼啪"一声响，水壶中忽然冒出了一道刺眼的光，那道光迅速扩大，笼罩了方圆十几米远的范围。那个仆人也倒在了地上！

　　"怎么回事？"

　　站立在远处的卫兵们虽然幸免于难，却眼睁睁看着所有的博士都被"死亡光线"笼罩，想营救已经来不及了！

　　就在他们绝望地捂住眼睛时，闪爆弹的光芒却逐渐散去了。在场的人们惊奇地发现，博士们全被一名穿着"金属铠甲"的巨人护在了一个半球形的光罩内，完全没有受到伤害。

"金甲天神救了我们！天神救了我们！"

身穿机械战甲的米果根本来不及推辞，已经被博士们围了起来。

惊魂未定的博士们在感激之余，请求他在"人间"留上一段时间，参观一下他们正在设计的宏大的梦想。

米果的脑子一转："宏大的梦想？不是统一度量衡吗？"

"度量衡早就统一了，我们正在完成史无前例的新计划！"

博士们把"天神"米果请进了另一座宫殿，给他展示了一个巨大的模型——长城。

"我们正在利用数学知识设计建造一道天下最宏伟的城墙！"博士们自豪地说。

"这不是长城吗？难道机械战甲搞错了时间？不过，修建长城和数学有什么关系？"米果通过无线信号向宇宙博士发出疑问。

宇宙博士用无线信号回答说："难道你不知道吗？中国在周朝的时候就开始用勾股定理的原理营造建筑了。"

正是因为掌握了几何知识，人类才能建造出稳固的房屋、桥梁和隧道。只有掌握了精确的计算能力，才能准确地使用建筑材料、利用空间面积……可以说，从古到今，所有伟大的建筑都和数学息息相关。

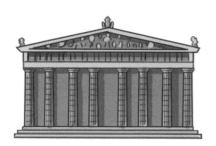

1. 勾股定理是中国古代几何学的成就之一。它给出了直角三角形三边长的关系，即任意一个直角三角形两条直角边长度平方和等于斜边的平方。利用勾股定理，可以验证修建的墙壁是否垂直于地面。而勾股定理在西方被称为"毕达哥拉斯定理"。

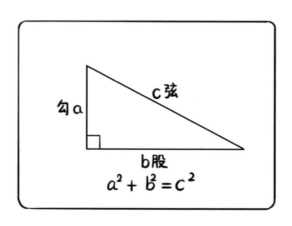

2. 黄金分割是将一长度为 l 的直线段分为两部分，较大部分与整体部分的比值等于较小部分与较大部分的比值，即 $x : l = (l - x) : x$。这个比值约为 0.618。

无论是古埃及的金字塔，还是法国的埃菲尔铁塔，都利用了黄金分割。

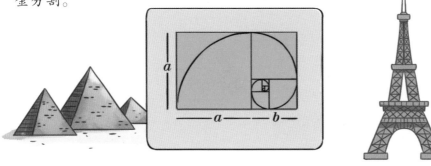

3. 公元前 1 世纪的古罗马工程师维特鲁威，留下了西方最早的建筑理论文献——《建筑十书》，里面一再强调比例、比值和透视等数学知识对建筑的重要性，对建筑学界产生了深远的影响。

虽然很想留在这里玩一玩，但米果却不得不赶回飞船了，因为他接到了宇宙博士发出的警报，说是发现了恶魔人的信息。

米果来不及和大家告别，立刻操控机械战甲飞向了天空。

"宇宙博士，你发现了什么？"赶回飞船的米果急切地问。

宇宙博士的屏幕上面显示着一连串跳跃的能量曲线："我发现，刚才恶魔人的能量忽然消失了，它一定是逃进了时空隧道。"

米果立刻就明白了，恶魔人一定是发现行动失败了，所以又要跑到其他地方去搞破坏。

"我们还能找到它吗？我们怎样才能知道恶魔人接下来会在什么时候、什么地点搞破坏呢？"米果又一次犯了愁。

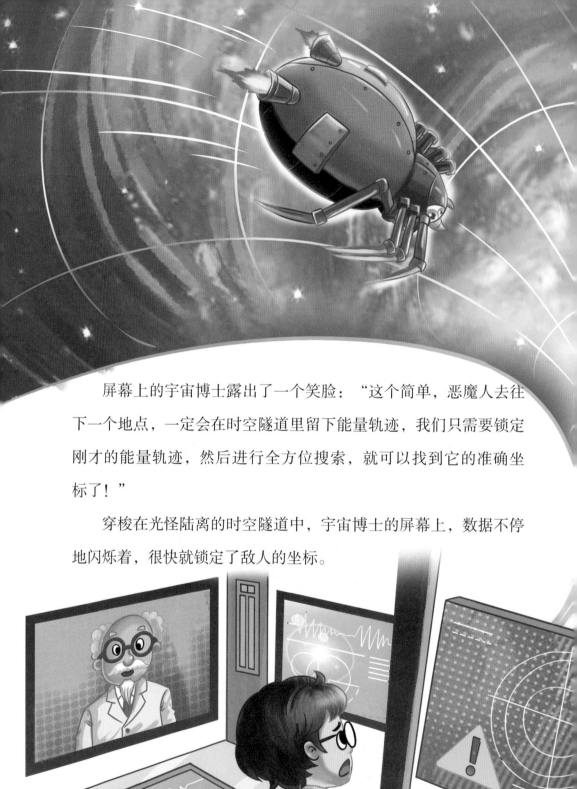

屏幕上的宇宙博士露出了一个笑脸："这个简单，恶魔人去往下一个地点，一定会在时空隧道里留下能量轨迹，我们只需要锁定刚才的能量轨迹，然后进行全方位搜索，就可以找到它的准确坐标了！"

穿梭在光怪陆离的时空隧道中，宇宙博士的屏幕上，数据不停地闪烁着，很快就锁定了敌人的坐标。

时间坐标：公元 1889 年。

地理坐标：法国巴黎。

1889 年的法国巴黎——这个时间和地点怎么这么熟悉呢？米果挠着脑袋思索了起来。

"对了，1889 年，法国为了纪念法国大革命 100 周年，在巴黎马尔斯广场建造了新颖独特的埃菲尔铁塔。从此埃菲尔铁塔成为建筑史上的最杰出成就之一，也是法国一个重要的景点和突出的标志。"

"那就没错了，恶魔人的下一个目标，一定是要破坏埃菲尔铁塔！"

宇宙博士立刻锁定目标，他的屏幕上出现了一片人山人海的场景。

"这是怎么回事？"米果奇怪地问。

"信息搜索中……"

　　宇宙博士的屏幕再次闪烁，很快就在附近的马尔斯广场上找到了高耸入云的埃菲尔铁塔。

　　原来法国巴黎正在举办世界博览会，刚落成的埃菲尔铁塔就成了博览会上最引人注目的展品。

　　米果皱起了眉头："看来恶魔人是计划在全人类面前搞一个大破坏。此时正是第二次工业革命时期，科技正在飞速发展，埃菲尔铁塔就是钢铁工业发展的标志，破坏了它，就能沉重打击人类发展科技的信心！"

　　"米果，你快看！"

　　宇宙博士的屏幕一闪，上面忽然出现了一大团厚重的乌云，埃菲尔铁塔上空电闪雷鸣。

　　"乌云中有恶魔人的能量。"宇宙博士继续提醒。

　　米果感到奇怪："难道它们想用雷电击毁埃菲尔铁塔？"

　　屏幕上的宇宙博士摇了摇头："不，埃菲尔铁塔的避雷装置很先进，雷电伤害不了它。"

　　"那么……恶魔人是在乌云中隐藏了爆炸物，要炸毁埃菲尔铁塔吗？"米果继续猜测。

宇宙博士再次摇了摇头："上次恶魔人发起的明目张胆的暴力袭击失败了，所以这次恶魔人的破坏行动一定是很隐蔽的。"

　　这下米果被难住了，这也不是那也不是，恶魔人究竟是想怎么破坏埃菲尔铁塔呢？

　　宇宙博士在屏幕上呈现出一系列数据，对米果解释说："埃菲尔铁塔的建造过程充满了数学之美，它利用了许多数学知识以保证它的稳定与坚固……"

1. 埃菲尔铁塔占地面积约 10000 平方米；高度原为 300 米，1959 年装上了电视天线后为 320 米；总重约为 9000 吨；有 1710 级阶梯；塔身由 18000 多个分散的碎片组成，用铁量达 8500 多吨；有 250 万枚铆钉……可以说，它的每一个细节都是由数学计算支撑起来的。

2. 必须经过精确的数学计算，建造师才能确保高大建筑的平衡与稳固，埃菲尔铁塔同样如此。建筑师将 10000 吨的总重量平均分配在 4 根支柱上，同时又为每根支柱配备了 4 根承重的斜橼，使埃菲尔铁塔下每平方厘米的地面承受的重量只有几千克。

3. 在中国，我们有一座比埃菲尔铁塔年代久远得多的佛宫寺释迦塔。这座塔又被叫作"应县木塔"，其塔身全部是由木质构件组成的。它始建于距今约 1000 年的辽代，高达 67.31 米，相当于一幢 20 多层的现代建筑。它是中国现存最高的古代木构建筑，其中蕴含的数学之美至今仍值得我们研究探讨。

第三章
"操纵天气"的数学

扫码开始
冒险勇气值测试
冒险智慧值提升
冒险技巧值挑战

"数学真是太伟大了，原来埃菲尔铁塔这么坚固都是有原因的！"米果挠了挠脑袋，"如果是这样的话。恶魔人到底想怎样隐蔽地破坏它呢？"

"机械蜘蛛好像发现了线索。"宇宙博士忽然说。

果然，一只机械蜘蛛从外部跌跌撞撞地回到船舱，刚爬到米果眼前就趴在地上不动了。

"怎么回事？"

米果赶快弯下腰去仔细观察，发现机械蜘蛛的金属外壳变得湿漉漉的，锈迹斑斑，甚至出现了几个破洞，连里面的机械零件也正在迅速地生锈，就好像在潮湿的地方放置了千百年一样！

"不要碰它，它身上的液体有问题。我来化验液体成分。"

宇宙博士提醒米果，同时操控船舱上部射下一道光束，精准地笼罩住小蜘蛛。

光束不断变换着颜色，宇宙博士屏幕上的数据也在不断地跳动着。

"pH 值小于 5.6……"

一连串的数据显示在了屏幕上，宇宙博士立刻得出结论："这是酸雨，腐蚀性很强的酸雨！"

　　"恶魔人真是太狡猾了，它们是想利用酸雨把埃菲尔铁塔腐蚀掉。"米果望着离埃菲尔铁塔越来越近的乌云，急得直跳脚，"宇宙博士，快想办法阻止它们！"

　　敌人太狡猾了，它们躲在隐蔽处搞破坏。宇宙博士和米果并不想打扰太多人，所以他们无法直接干预，只能想办法在不被人类察觉的情况下化解这场危机。

　　可是，能够集体隐秘行动的机械蜘蛛也会被酸雨腐蚀，无法参

与战斗。隐藏在云层深处的宇宙博士，只能眼睁睁地看着乌云飘到埃菲尔铁塔的上空，化作一滴滴浑浊的雨水淋了下去。

恶魔人制造出的酸雨腐蚀性特别强，不一会儿就给埃菲尔铁塔带来了难以想象的破坏，在宇宙博士的屏幕上面，米果能清晰地看到崭新的埃菲尔铁塔正在以肉眼可见的速度产生锈斑。

而铁塔下面正在参加博览会的人们还以为这只是一场普通的降雨，完全没有察觉到危机正在来临——一旦铁塔的关键支撑点被完全腐蚀，埃菲尔铁塔就有随时倒塌的可能，给铁塔下熙熙攘攘的人群带来难以预计的伤亡。

就在宇宙博士和米果无计可施的时候，天空中异变忽生——不知从哪里吹来的一阵猛烈的大风，把地面上正在游览的人群吹得四处奔逃，远离了马尔斯广场，也把笼罩着埃菲尔铁塔的乌云吹得支离破碎，消散在了空中。

"我们胜利了？"

米果有些诧异地望着屏幕上显示的一切，有点儿不敢相信自己的眼睛，自己和宇宙博士都没法解决的难题，竟然被一阵大风给解决了？

"这不是一场普通的风。"宇宙博士忽然说。

"风就是风，哪还有普通不普通的区别？"米果只顾高兴了，竟然没有产生一点儿疑虑。

"不对，在乌云产生时，我已经进行过数学计算了，根据气象数据，就像形成酸雨的乌云不应该出现一样，刚刚的大风同样也不应该出现。"宇宙博士皱着眉摇了摇头。

"连天气也和数学有关吗？"米果越发听不懂了。

"当然了，环境气温、气压、湿度等数据的变化都与天气有着密切的关系，天气是可以通过数据推断出来的。"

1.在我国古代，天文学家通过观测计算太阳和星辰运行的规律，得出了一套能判断一年中气候、物候等变化规律的历法——"二十四节气"。它指导人们在不同的时间开展不同的农事，使我国的农业长期领先于其他国家。

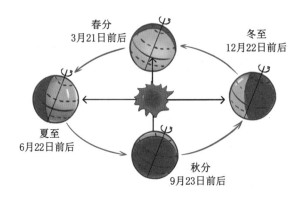

2.我们平时听到的温度、气压、风力大小，都是用数字来表示的对不对？数学是气象学的基础。我们现在看到的天气预报，同样是利用从世界各地收集来的气温、风向和风速、湿度、气压等大量数据推算而来的。

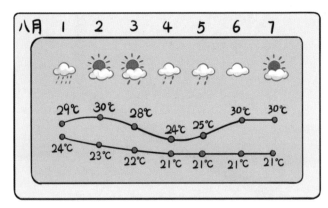

3. 除了预报天气，数学知识还可以用于分析古代到现代气温变化的历史情况。通过大气数据的变化、气温升高的速度、冰川消融的情况等数据计算，还能判断出未来人类将要面对怎样的气候危机，以便及时应对。当然，我们现在的计算能力还有很大的提升空间，对天气的预测还不那么准确。这就需要各位小朋友继续努力学习数学和气象知识，想出更多的好办法，提高预测的准确性啦！

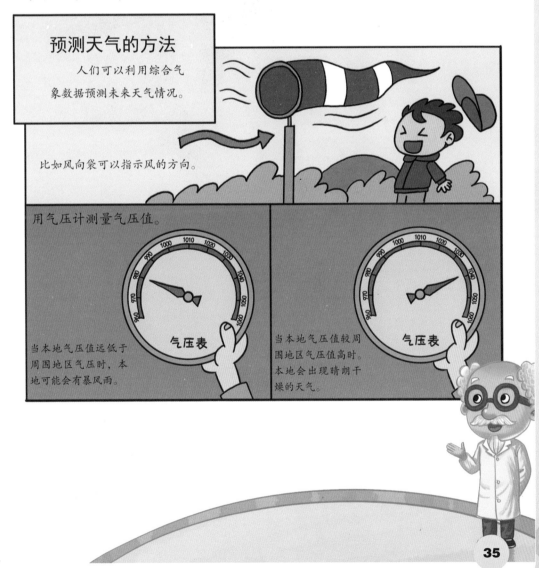

预测天气的方法

人们可以利用综合气象数据预测未来天气情况。

比如风向袋可以指示风的方向。

用气压计测量气压值。

气压表

当本地气压值远低于周围地区气压时，本地可能会有暴风雨。

气压表

当本地气压值较周围地区气压值高时，本地会出现晴朗干燥的天气。

扫码开始
- 冒险勇气值测试
- 冒险智慧值提升
- 冒险技巧值挑战

第四章

数学与经济

米果恍然大悟："也就是说，刚刚的大风不是自然产生的，而是人为制造的，专门对付恶魔人的。"

"没错，根据数据计算，这一定是人为制造的大风。"宇宙博士肯定地说。

就在这个时候，飞船中忽然响起一阵刺耳的警报声："报告，发现两团异常能量体正在战斗。"

可米果抬头望向屏幕，发现屏幕上依然是一片空白，什么也没有。

"他们全都隐身了，人类的眼睛是看不到的。"宇宙博士解释说。

就在这个时候，屏幕上忽然轰隆一声，出现了一团绚丽多彩的火花。地面上的人欢呼了起来——他们以为是有人在燃放烟花。

可宇宙博士却对米果说："其中一团能量体被对方击毁了，根据探测，被击毁的应该是恶魔人。"

也就是说，刚刚在埃菲尔铁塔的上空，经历了一场肉眼看不见的激烈斗争。

　　企图制造酸雨毁坏埃菲尔铁塔的恶魔人已经被打败了，而打败它们的应该就是制造了大风的那团神秘能量体。

　　米果急切地问："帮助我们的到底是什么人？"

　　宇宙博士摇了摇头："不知道，那团能量体很陌生，我的资料库中也没有它的信息，我也是第一次遇到。"

　　与此同时，伴随着地面上人类的欢呼，空中忽然又出现了一连串的烟花，一条条直线形的火焰在空中划过，拼出了一片由黄色光线组成的网格。网格上，一颗颗红色火球闪耀着，尤为引人注目。

米果的脑筋一转："这个网格看上去怎么像一幅地图？"

"这不是地图。"宇宙博士回答说，"这是一幅时空坐标图，红色火球就是目的地，那团神秘的能量体在为我们指引行动方向。"

"之前指引我们去罗马拯救'零'的应该也是他吧？"米果这么想着，但是已经没有时间寻求答案了，对方再次消失在宇宙博士的监测范围之内。

坐标上的红色火球很多，这说明恶魔人在同时进行着多场破坏行动，事态十分紧急，宇宙博士赶紧指示米果迅速进入时空隧道，赶往下一个坐标。

沙漠！

宇宙博士带着米果来到了一处沙漠地带，可他们发现自己已经来晚了，地上横七竖八地躺着许多骆驼的尸体，骆驼身上背负的货物已经全部倾倒在地并被烧毁殆尽，只剩下周围的一群商人正在为自己的损失号啕大哭。

很明显，恶魔人刚刚袭击了这支商队，损坏了所有的货物。

只能去帮助下一个被害者了。

宇宙博士又引领米果到达了另一个坐标位置。这是一片无垠的大海，一队由几十艘帆船组成的船队正在与滔天的大浪斗争。

刚才是沙漠商队，现在是海洋商船，恶魔人究竟想干什么？

宇宙博士机敏地发现了隐藏在海水深处的危险——一只机械章鱼正在海水之中穿行，金属触手飞快地击穿了商船的船底，已经有好几艘商船因此倾覆沉没了。其他的船只自顾不暇，落入水中的商人和船员只能在惊涛骇浪之中挣扎。

"行动！"

米果再也看不下去了，装备好机械战甲后，穿梭在海面上救人。

　　宇宙博士也放出了大量的机械蜘蛛，掩护着自己潜入海底，拦截住了企图继续破坏商船的机械章鱼。

　　机械蜘蛛密密麻麻地爬满了机械章鱼的全身，想要摧毁机械章鱼。但机械章鱼在时空隧道中追击宇宙博士时，已经掌握了对付机械蜘蛛的技巧。只见机械章鱼的身体表面放射出大量的能量波，直接击毁了它们身上的机械蜘蛛。

　　可这也正是宇宙博士想看到的。机械章鱼在放射能量波时防护最为薄弱。宇宙博士趁机发出一道激光，将机械章鱼彻底破坏。一连串的爆炸声在海底传播开来，机械章鱼变成了一堆废铁。

机械蜘蛛飞速地在海水中游动着，为宇宙博士带回了机械章鱼的存储器。敌人下一阶段的行动计划终于暴露了：原来恶魔人正在破坏人类历史上极为重要的贸易渠道，企图打断数学知识在世界各地的交流与发展。

在战斗的过程中，宇宙博士通过无线信号与米果共享了刚刚获得的情报。

与此同时，米果也悄悄地救下了所有落水的人，在大家还不知道发生了什么的时候，米果已经再次潜入海底，回到了宇宙博士的船舱中。

宇宙博士一边引领着米果在时空隧道中赶往下一个行动目标所在地，一边在屏幕上为他讲解着商业贸易对人类的重要性。

1.我们购买的所有产品，都是价值决定价格，而产品的价值包括原料的成本、人工的成本、运输的成本、储藏的成本、商人获得的利润、需要缴纳的税等，把这一切加起来后，才是我们购买这件商品时所看到的价格。这一切都是需要通过数学计算才能得出的。

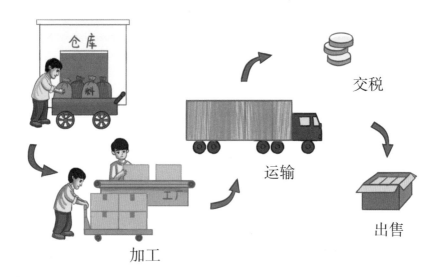

2.在我们的日常生活中，数学更是紧密地伴随着我们所有的经济行为，比如我们去银行里存钱，利息的多少需要用数学来计算；我们的爸爸妈妈要创业，那么他们用于广告宣传、场地租赁、雇用工人的成本，都需要提前用数学知识计算出结果；就连我们想买心爱的玩具时，也需要认真计算一下多久才能攒够零花钱。

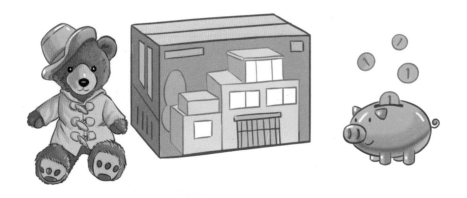

3. 从远古时代的以物易物，到现在跨国际的商业贸易，就连日常生活中再简单不过的柴米油盐的买卖行为，都离不开数学。在人类历史上，数学使贸易变得越来越便利，而贸易也促进了数学的发展。在古代，数学知识得以在全世界传播，靠的就是古代商队的远行。

第五章

数学与航海

"真没想到，在人类历史上的商业贸易中，数学竟然这么重要。"米果惊讶地说。

"难怪恶魔人要破坏人类的商业贸易。"米果感叹着恶魔人的狡诈和阴险，不禁又担心了起来，"恶魔人同时在那么多地方发起破坏行动，我们又没有分身术，不可能全部解决啊！"

"和恶魔人对抗的一定不只有我们，之前悄悄帮助我们的那个神秘力量一定也在战斗之中。"宇宙博士说着，又带着米果来到了

下一个坐标。

这里是公元 1757 年的北美洲，一座刚刚新建起的城镇。

此时的北美洲还是英国的殖民地，到处都是未经开垦的土地，流传着无数骇人听闻的诡异传说。

其他的居民已经在沉沉的夜色中进入了梦乡，只有一座两层的木质小楼上还摇曳着微弱的灯光。

一个中年人一会儿在一张纸上圈圈点点地计算着什么，一会儿拿出圆规和量角器，绘制一幅神秘的星空图！

砰砰砰！

突然，一阵敲门声打断了他的思路，他皱了皱眉头，提起桌面上的马灯，走下楼打开了房门，只见门前站着一个衣衫褴褛的年轻人，双手抱着肩问道："请问，您是坎贝尔船长吗？"

那个中年人完全不认识这个年轻人，但还是礼貌地点了点头，回答说："我就是坎贝尔，请问你需要帮助吗？"

"我需要……我需要……"

年轻人的眼睛一闪，怯懦的表情忽然变成了诡异的笑容："我需要你的生命！"

"你说什么？"

坎贝尔船长还以为自己听错了，可面前这个不速之客却已经变了样子，他的身高忽然增长了一倍，面孔和手臂上迅速长出了长毛，嘴巴逐渐突出，冒出了锋利的牙齿。

坎贝尔船长大惊失色，难道那些在乡野中流传的关于狼人的诡异故事竟然是真的？

　　坎贝尔船长扭头看向屋内墙上挂着的火枪，可"狼人"并不给他这个机会，挥起一掌，狠狠地击中了他。坎贝尔船长被击飞了出去。

　　"狼人"俯下身子，准备再次发动致命攻击。

　　嗖的一声，受伤倒地的坎贝尔船长觉得自己面前凉风一扫，一个"铁人"突然出现，用金属的手臂挡住了"狼人"的利齿。

　　"米果，不要伤害它，它只是一个被恶魔人改造了身体的普通人。"

宇宙博士的声音在米果耳边响起，米果立刻收回即将发射的激光炮，操纵机械战甲射出一股高压电流，击向了狂暴的"狼人"。

　　没想到"狼人"虽然被电到浑身抽搐，却依然没有失去战斗能力，坚持用尖锐的牙齿在米果的机械战甲上疯狂地啃咬。幸亏米果的机械战甲坚硬无比，他才没有受到致命的伤害。

　　但这种只能挨打不能进攻的战斗实在是太让人难受了。

　　好在隐藏在云层中的宇宙博士及时帮忙，放射出一道牵引光束，锁定了"狼人"，并把它带到船舱的隔离室中关了起来。

　　镇子里的人们已经被这场战斗弄出的响动惊醒了，灯光逐渐亮了起来，米果赶快在人群到来之前飞回了飞船中。

　　"幸亏我们来得及时，如果坎贝尔船长遇害的话，人们还不知何时能利用数学知识发明出六分仪呢，人类的进步将会被延迟不知多久啊！"

　　屏幕中的宇宙博士心有余悸地说。

1.古代人用数学知识开创和发展了天文学，用天空中的星座指引航海方向。数学也广泛应用于古代的造船技术中，船身的结构、比例、承重、排水，无一不需要精密的数学计算。我国古代在这方面取得了卓越的成就，郑和下西洋时最大的"宝船"长达148米，宽60米，锚有几千斤重，是当时世界上最大的木帆船。

2.1757年，航海家坎贝尔船长在八分仪的基础上发明了六分仪，这在航海方面发挥了重大的作用。六分仪可以通过观测太阳或夜空中某颗恒星与地平线的角度，再根据特定的星表将角度通过数学计算转化为航海者所处的纬度，指引航海的方向。即便到了现代社会，船只虽然配备了先进的电子导航系统，但在特殊情况下仍需要六分仪来辅助判断方位。

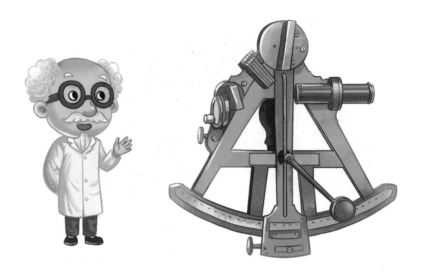

3. 不仅仅是航海, 从古到今, 人类地面活动所使用的地图, 全部都是利用数学知识绘制的。驾驶飞机飞行, 需要利用数学来预先制定航线; 发射火箭或太空飞船, 需要利用数学来编写程序和制定运行轨道……所以, 可以说, 人类的一切有效行动都离不开数学。

扫码开始

冒险勇气值测试
冒险智慧值提升
冒险技巧值挑战

第六章

卫星导航系统中的

数学

隔离室内，一个年轻人在手术台上昏迷不醒，七八条机械手臂不停地在他的身体上忙碌着……

治疗一连进行了几个小时，年轻人终于慢慢清醒了过来。

"我……我这是在哪里？我怎么了？"年轻人望着陌生的环境，恐惧地问。

米果隔着玻璃门安慰他说："不用怕，你已经得救了，你还记得在失去意识前发生过什么事情吗？"

　　年轻人抱着脑袋痛苦地回忆说："我是一名来自英国的淘金工，我只记得昨天从金矿下班后，在路边遇到了一个奇怪的人。他给了我一杯果子酒，说喝了之后就可以变得力大无穷，挖到更多的金子……然后我就什么也不知道了。"

　　"那个奇怪的人一定又是恶魔人假扮的。"米果气呼呼地说。

"但有一件事情我一直想不通。"宇宙博士困惑地说，"以恶魔人的科技力量，直接破坏数学的发展历史简直易如反掌，可它们为什么非要做这么多的伪装，隐藏它们真正的意图来搞破坏呢？"

米果扭头想了想说："隐藏自己肯定是出于畏惧，恶魔人肯定也怕什么力量发现它们。"

连恶魔人都害怕的力量会是什么呢？宇宙博士翻遍了他的资料库，也没能找到答案。

　　宇宙博士在淘金工的大脑中植入了一块芯片，清除了他脑中这段不寻常的记忆，趁他还在昏迷时，将他放在了矿山附近。在他醒来后，这段诡异的经历只会是一段普普通通的梦境了。

　　在那个年轻的淘金工所说的地点，宇宙博士并没有发现什么奇怪的人，却在附近探索到了一丝难以察觉的神秘能量轨迹，电脑上的信息显示，那股能量进入了时空隧道，回到了现代。

　　"我们的世界不是已经被恶魔人破坏了吗？它们为什么还要去那里？"米果想起自己的爸爸妈妈，还有同学和好朋友，立刻握紧了拳头。

　　"米果，你忘了我们这一段时间都在做什么吗？"宇宙博士忽然说。

　　"怎么可能忘记？我们不是一直在和恶魔人战斗，拯救数学的发展历史吗？"米果有些奇怪。

宇宙博士点了点头："对啊，现代人类社会崩溃的原因，就是恶魔人破坏了数学发展历史。但我们不是已经阻止了恶魔人的一系列阴谋了吗？数据显示，我们已经改变了现代社会被毁灭的命运，你所在的世界已经恢复正常了。"

"真的吗？我们两个真的拯救了世界？"米果使劲捏了捏自己的脸，想要看看自己是不是在做梦。

宇宙博士的屏幕上再次显示出一张图片，上面有数不清的亮点在不停闪烁着。

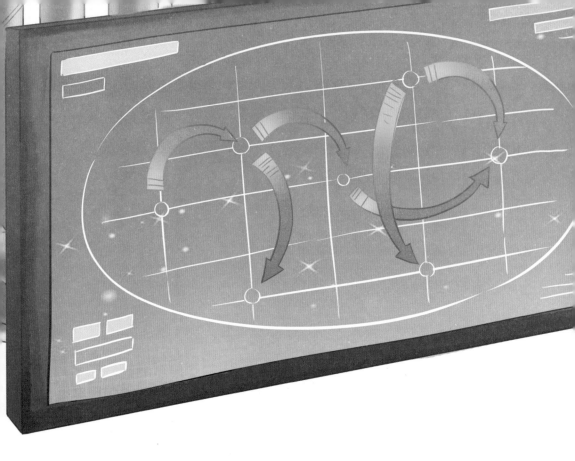

　　"并不是只有我们两个在战斗，能量轨迹显示，有好几股神秘力量在时空隧道内不停地穿梭，在不同的坐标阻止着恶魔人的阴谋。"

　　"这些一直陪伴着我们的战友，究竟都是什么人呢？"

　　就在米果迷惑的时候，宇宙博士的屏幕上再次出现了一条神秘的信息。

　　时间坐标：2023 年。

　　位置坐标：地球。

　　任务：阻止恶魔人破坏地球的卫星定位系统。

2023 年的地球……那不就是米果原来所在的时代吗？

米果赶紧问："宇宙博士，什么是卫星定位系统？它是不是也和数学有什么联系呢？"

"准备进入时空隧道，我们边行动边解释吧。"

1. 卫星定位系统通过精确的数据计算，利用围绕地球运转的卫星进行信号传输，使人们不但能够快速确定自己身处的位置，还能帮助自己导航去往想去的目的地。我们国家自主研制的北斗卫星导航系统，也已经广泛应用到了交通、气象、通信等领域中。爸爸妈妈开车带小朋友出去玩儿的时候，使用的汽车导航也来自卫星导航系统。

 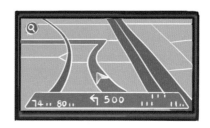

2. 如今，在生活中，人类的通信、交通导航、预测天气等几乎全部都依靠卫星才能顺利进行；在军事上，现代的飞机、军舰、导弹，也全部都用到了卫星导航系统，而这一切全部都基于数学的精密计算。

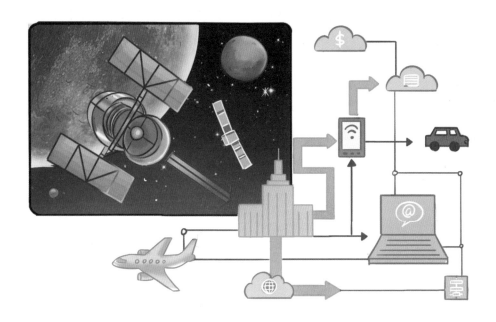

3. 在 2020 年，中国自然资源部利用北斗卫星导航系统，精准地测量出了珠穆朗玛峰的最新高度为 8848.86 米。

第七章
密码学与数学

扫码开始
- 冒险勇气值测试
- 冒险智慧值提升
- 冒险技巧值挑战

眨眼之间，米果和宇宙博士就冲出了时空隧道，来到了坐标指示的位置。

　　这次他们来到了太空。地球就悬浮在深邃而黑暗的太空中，看起来是那样美丽祥和，而在地球之外的行星运行轨道上，却正在进行着一场如火如荼的战斗。恶魔人的数百只机械章鱼被一艘艘小型的太空飞艇追逐着，激光扫射和太空炸弹的爆炸此起彼伏。

可奇怪的是，米果并没有听到飞船外传来战斗的声音。

"声音的产生依靠振动，声音的传播需要介质，但太空接近真空，所以声音无法传播，我们就听不到。"宇宙博士解释说。

就在这时，屏幕中忽然传出了一个陌生的声音："宇宙博士、米果，快加入战斗！如果通信卫星被破坏，我们就无法和时空数学管理局联系，只能孤军奋战了。"

宇宙博士瞬间变得激动起来："小仙女！这竟然是小仙女的声音！"

小仙女？是宇宙博士认识的人吗？时空数学管理局又是什么？米果感到疑惑。

宇宙博士察觉到米果的情绪，立刻说："你还记得我曾经跟你说过，失去原来的身体前，我正带领一支研究小队在银河系航行吗？小仙女正是我当时的助手机器人之一。"

米果拼命地在屏幕上寻找着对方的身影，却什么都没有发现。

宇宙博士解释道："小仙女目前正处于隐身状态，你是看不见它的。我也有很多问题想问它，但现在，我们首先要解决的是敌人。"

米果来不及多想，一握拳头，装备好机甲飞出船舱，加入了战斗。

　　机械章鱼远比那些被恶魔人利用的傀儡强大得多，它们用眼睛发射激光，用长长的触须发射电球，整齐地排列出了一个坚不可摧的阵形，组成了一个巨大的章鱼堡垒。它们把个体的防护罩，凝聚成一团，融合成了一个巨大的防护罩，将章鱼堡垒保护了起来。包围着它们的太空飞艇毫无可乘之机，发射的激光和炸弹也根本打不破它们的防护罩。

　　即使米果在宇宙博士的支持下参与了战斗，大家还是只能眼睁睁看着这座巨大的章鱼堡垒在太空中快速地前进，吞噬着沿途的人造卫星。

　　"快想想办法！"小仙女的声音再次在米果耳边响起，"如果再让它们继续下去，地球上的通信系统就会被彻底破坏，我们就无法组织抵抗了。"

　　机甲中的米果一次次躲过敌人的火力攻击，在章鱼堡垒四周飞行穿梭，终于发现了章鱼堡垒的一个弱点。

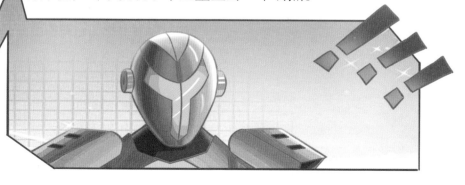

　　"小仙女，能把你的隐身技术共享给宇宙博士吗？"米果也不知道怎样才能联系上小仙女，只能尝试着用对讲机发出疑问。

　　"当然可以。"小仙女的回答很快就传了过来，看来她早就掌握了宇宙博士和米果的通信频道。

　　紧接着米果又问宇宙博士："你的机械蜘蛛曾经从生化人的大脑中窃取信息，它应该有很强的解码功能，对吗？"

　　宇宙博士立刻回答说："没错，我的机械蜘蛛可是解码的高手。"

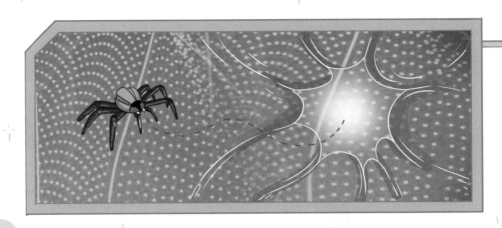

"太棒了。"米果立刻说出了他的计划，"我发现章鱼堡垒每受到一次攻击，防护罩的能量都会减弱一点儿。我们把所有的火力对准一个点攻击，就能在一瞬间将防护罩打开一个破洞，你趁机让机械蜘蛛用小仙女的隐身技术潜入进去，收集并破解它们的通信密码。这样一来，打败它们就简单多了！"

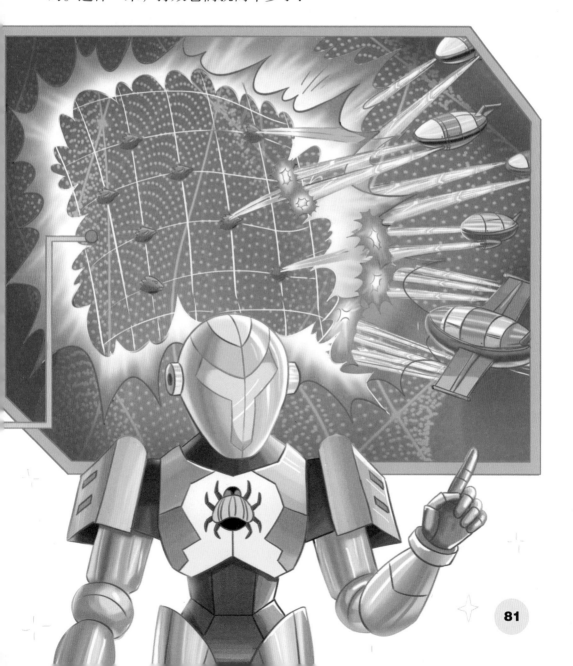

1.密码早在公元前400多年就已经出现了,当时的斯巴达人发明了"塞塔式密码",即把长条纸螺旋形地斜绕在一个多棱棒上,将文字沿多棱棒的水平方向从左到右书写,写完一行再另起一行从左到右写,直到写完。解下来后,纸条上的文字消息杂乱无章、无法理解,只有将它绕在另一个同等尺寸的多棱棒上后,才能看到原始的消息。这就是最早的密码技术。

2.第二次世界大战时期,德国使用的恩尼格玛密码机是当时世界上最先进的密码机,波兰密码学家率先对它进行了系统性的研究和破译。在破译过程中,密码学家应用了严格的数学方法。

恩尼格码密码机

3.密码学在现代社会就更加重要了，大家可以想一想，在我们的日常生活中，去银行取款要用密码，进入网课系统学习要用密码，进入住宅楼的大门需要密码，玩游戏也需要密码……而密码学的基础，其实是数学理论！

第八章
二进制的"魔力"

扫码开始

✓ 冒险勇气值测试

✓ 冒险智慧值提升

✓ 冒险技巧值挑战

"收到，立刻行动。"

小仙女、米果和宇宙博士开始并肩战斗，所有的太空飞艇都瞄准章鱼堡垒的防护罩上的同一个位置猛烈攻击了起来。

果然，敌人的防护罩被击穿了一个小孔，一只机械蜘蛛隐身后悄无声息地潜入了进去，机械章鱼果然一点儿也没有察觉到。

"继续进攻，掩护隐身的机械蜘蛛，分散章鱼堡垒的注意力！"

太空飞艇再次散开，从四面八方围绕着章鱼堡垒猛烈地进攻，尽量延缓敌人的破坏速度。

章鱼堡垒把全部精力都放在了与太空飞艇作战上，并没有注意到一个隐身的机械蜘蛛正在它们的身体内快速爬行着。机械蜘蛛在接近它们的中央处理器后，伸出触须连接在上面，开始向宇宙博士发送机械章鱼的密码信息，宇宙博士立刻开始了破译工作。

　　在和米果共同战斗的这段时间里，宇宙博士对数学知识的掌握也更加深入了，破译密码的过程十分顺利，很快就破译出了机械章鱼相互通信的密码，破解了机械章鱼的信息防火墙。

"立刻植入干扰程序。"

宇宙博士一声令下，隐身机械的蜘蛛立刻把一串干扰程序代码植入了机械章鱼的程序中，在干扰程序下，原本固若金汤的章鱼堡垒忽然火花四射，分崩离析，散落成了一条条分散的机械章鱼。

很快，这些机械章鱼不但失去了集体作战的能力，就连个体行动也开始紊乱起来，它们发不出激光和炮弹，打不开防护罩，像一只只无头苍蝇一样，在太空中乱撞了起来。

"全力进攻！"

　　米果也不知道宇宙博士植入的干扰程序能坚持多久，立刻一声令下，带领着大家把火力开到最大，全力进攻起来。机械章鱼们还没来得及开启修复程序，就变成了太空中一朵朵璀璨的烟花，灰飞烟灭了。

　　"胜利啦！"宇宙博士欢呼着，"小仙女，你在哪里？"

　　"你暂时还看不到我原来的样子，我把存储器传输到了太空飞艇上。"小仙女的声音响了起来。

米果急切地问："和你在一起的都有谁？他们为什么会帮助地球？"

"他们是一直隐藏着的时空数学管理局工作人员，不到宇宙最危险的时刻不会出现。接下来他们想见米果一面，你同意吗？"小仙女问。

"时空数学管理局？宇宙博士你听说过吗？"米果诧异地问。

时空数学管理局

"我从来没听说过宇宙中有这个机构。"屏幕上的宇宙博士严肃地摇了摇头，"虽然我信任小仙女，也相信她的判断，但这毕竟是与你的会面，你自己考虑。如果觉得不妥，你可以拒绝。"

米果回想着一路上神秘力量的支持，以及方才结束的共同作战，毫不犹豫地回答："我同意，但宇宙博士没有接触过他们，如果宇宙博士的翻译器没办法进行翻译，那我与他们该怎么交流呢？"

小仙女回答说："不用担心，宇宙中有着无数的种族，要全部掌握他们的语言是不可能的。但宇宙中却有着一种通用的语言，那就是数学。"

1. 在很早之前，就有科学家提出过一个疑问：如果宇宙中真的有其他智慧生命存在，而且还和我们进行了接触，那双方该怎么沟通呢？很多科学家给出的方法是，利用数学中的"二进制"作为宇宙通用的语言进行沟通。

2. 二进制目前是人类与计算机沟通的语言，和"逢十进一"的十进制不同，它的基数为2，进位规则是"逢二进一"，借位规则是"借一当二"，仅用两个数字"0和1"进行运算。我们的每一个操作指令、声音、画面，甚至动作和思维都可以被计算机分解为二进制加以理解和运算，然后再转化为我们可以理解的信息传递给我们。

二进制转十进制

1 0 1 0 1 1

↓ ↓ ↓ ↓ ↓ ↓

× × × × × ×

2^5 2^4 2^3 2^2 2^1 2^0

$1 \times 2^5 + 0 \times 2^4 + 1 \times 2^3 + 0 \times 2^2 + 1 \times 2^1 + 1 \times 2^0 = 43$

3.数学之所以能成为通用的语言，是因为数学和逻辑形影不离。它的每一个定理和公式都是经过无数运算和实际操作验证过的，无论到世界哪个地方，数学都能通过规范符号来表达和理解，所以，用数学作为通用语言来沟通，带来的误解将会最少。

第九章

数学之美

　　虽然有小仙女在，但宇宙博士还是不太放心米果。他让米果将他的存储器放在了趴在米果机甲上的一只机械蜘蛛的身上，跟随着小仙女化身的飞艇一起驶向了太空深处。

　　飞行中，宇宙博士向米果更加详细地讲述了自己的研究小队和恶魔人战斗的经过，他颇为感慨地说着自己有多想念助手小仙女、闪电超人和其他的小队成员。

　　"小仙女，闪电超人在哪里？"宇宙博士问道。

　　小仙女回答说："闪电超人正在其他的时空和恶魔人战斗。时空数学管理局是维护时间和空间秩序的一个神秘机构，不到最危险的关头，不会干预宇宙中的正常秩序。"

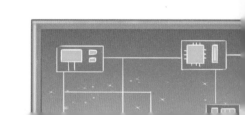

"难怪恶魔人穿越到其他时间线做坏事的时候都要借助傀儡，原来是为了避免被时空数学管理局发现。"米果终于解开了之前的疑惑。

　　"时空数学管理局在哪里？我的探测器没有发现附近有大型飞船。"宇宙博士问道。

　　"时空数学管理局的位置无法用坐标表示，它在隐秘处监督着整个世界所有时间线的走向，一旦出现影响数学发展历史的事件，时空数学管理局立刻就会加以干预。"

就在这时，前面的空间忽然产生了一阵波动，静谧的太空竟然像被刀划破的纸片一样裂开了一道缝隙，一艘艘太空飞艇鱼贯而入。

米果也紧随其后，毫不犹豫地飞了进去。

米果怎么也没有想到，"缝隙"的内部竟然是一座巨大建筑的内部，高不可攀的屋顶，不见边际的走廊……即使已经有几十艘太空飞艇驶入，这里依然显得那么空旷。

但他立刻就疑惑了起来，在他的想象中，时空数学管理局应该是一个很严肃的机构，冰冷，苍白，闪烁着金属的光泽，而他进入的这个地方却充满了诗情画意，不但一直回荡着悦耳的音乐，整体的装饰还充满了艺术气息，彩色的墙壁上挂满了世界名画。

"小仙女，你没有带我们走错路吧？怎么看这里都像一间艺术博物馆。"

米果只顾着欣赏墙壁上的画作，抬头一看，才发现带领着他们的太空飞艇已经全都不见了。

但小仙女的声音很快传了过来："没有走错，艺术和数学从来都是紧密相连的。你在时空数学管理局中听到的音乐和看到的画作，每一首、每一幅都和数学息息相关……"

知识加油站

1. 在聆听和享受美妙的音乐时，你能将其和严肃的数学联系在一起吗？在中国古代，人们发明制定音律时所用的生律法——"三分损益法"，就是一种采用数学运算求律的方法。

2. 美术和数学同样有着密不可分的联系。比如数学中经常提到的空间几何学，就常被用在绘画中。古希腊的雕塑家波利克里托斯提出，人的头与身体的比例是 1：7 时是最美的。

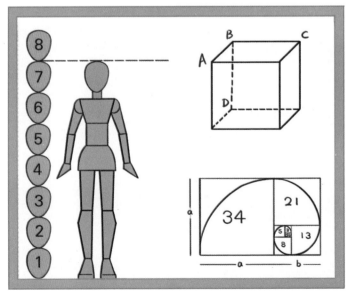

3.雕塑大师罗丹曾经说过："我不是梦幻者，而是一个数学家，我的雕塑之所以好，是因为它是几何学的。"

罗丹的雕塑作品《思想者》

4.达·芬奇也曾说过："真正能欣赏我作品的人，没有一个不是数学家。"可见美术和数学之间不可分割的联系。

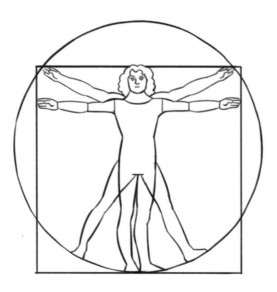

达·芬奇的《维特鲁威人》示意图

第十章

数学的奇迹

米果回过头来，眼前忽然出现了一个陌生的身影，它看起来是一个女孩造型的机器人，光亮的躯壳上有着鲜艳的颜色。它并不给人机械冰冷的感觉，米果甚至觉得自己能从它的大眼罩里看到一丝顽皮。

　　"小仙女？"米果犹豫地打着招呼。趴在他肩上的机械蜘蛛却已经一跃而起，跳向了女孩机器人。

　　女孩机器人轻轻接住了机械蜘蛛，柔和的声音响了起来："你好啊，宇宙博士，我们终于重逢了。你好啊，米果，初次见面，我是小仙女。"

　　"我太高兴了！"宇宙博士扬起了一条蜘蛛腿，"不过，你究竟遇到了什么事情？又是怎么和时空数学管理局相遇的？"

　　小仙女的眼睛闪烁了两下，慢慢讲述起来……

　　原来，四处破坏文明的恶魔人的行动一直在被神秘的时空数学管理局监视着。这个神秘的机构从宇宙诞生的那一天起，就已经存在了。它的任务就是维持时间和空间的稳定。

　　宇宙博士的研究小队与恶魔人的战斗也一直在被神秘的时空数学管理局关注着。时空数学管理局十分敬佩他们的英勇，于是收留了那场战斗的幸存者——小仙女和闪电超人，并帮助它们寻找宇宙博士的下落。

　　"当时空数学管理局发现恶魔人将目标对准地球的时候，立即决定开始行动，保护地球，并将我也派往战场参加战斗。"

　　小仙女打开能量罩，带着米果和宇宙博士一起飞行在空中，参观迷宫一样的时空数学管理局。

米果奇怪地问："如果这个机构的名字叫'时空管理局'，我还能理解，为什么还要加上'数学'两个字呢？"

"那是因为我们所处的这个世界，无论是空间还是时间，都和数学息息相关。大到宇宙的产生，小到微生物的繁衍和进化，都可以找到其与数学的关系，就连我们地球上的大自然，也处处都蕴含着数学知识……"

小仙女一边说着，一边从眼睛中放射出两道光芒，为米果当场展示了一系列大自然中的数学奇迹……

　　面对小仙女的展示，米果惊讶得张大了嘴巴："我还以为数学只和人类的发展有关，没想到整个世界，自然万物都遵循着一定的数学规则。"

  小仙女在空中转了个圈，用愉悦的声音说："一切都已经准备好了，时空数学管理局和恶魔人的战争还没有结束，人类的数学历史依然还有被破坏的地方，接下来就让我们一起从数学的基础知识开始，一点点把地球上的数学修补完整吧！"

  米果充满斗志地举起了拳头："开始新的战斗吧，我已经做好准备了！"

公元 1202 年，意大利数学家莱昂纳多·斐波那契指出这样一个数列：1、1、2、3、5、8、13、21、34、55……从第 3 项开始，每一项都等于前两项之和，数列中的每一项都被称为斐波那契数，这个数列叫作斐波那契数列。而在大自然中，这个数列经常出现。

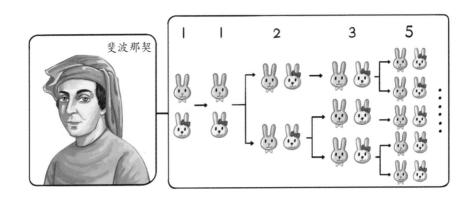

斐波那契

例如，仔细观察向日葵花盘中的种子，你会发现它们的排列呈两组螺旋线，一组沿顺时针方向盘绕，另一组沿逆时针方向盘绕，并且彼此相嵌，这两组螺旋线的条数刚好是斐波那契数列中相邻的两个数。你还可以用这种方式来"破译"松果、菠萝、花椰菜、鹦鹉螺的壳等上的螺旋图案。

此外，蚂蚁的建筑、蜜蜂的蜂巢、大部分植物的生长模式，都和斐波那契数列有关系，甚至我们能观测到的银河系也和鹦鹉螺的壳和葵花籽的排列一样，都是向外延伸的一个对数螺旋线，遵循斐波那契数列，就好像宇宙和大自然都学习过数学一样！

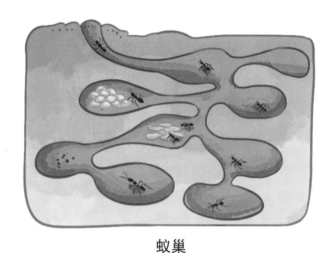

蚁巢

蜂巢

鹦鹉螺